Sitzungsberichte
der Heidelberger Akademie der Wissenschaften
Stiftung Heinrich Lanz
Mathematisch-naturwissenschaftliche Klasse
Abteilung A
Jahrgang 1923. 1. Abhandlung.

Mitteleuropäische Meeresströmungen der Vorzeit.

Von

W. Deecke.

Eingegangen am 16. August 1922.

Berlin und Leipzig 1923
Walter de Gruyter & Co.
vormals G. J. Göschen'sche Verlagshandlung / J. Guttentag, Verlagsbuchhandlung / Georg Reimer / Karl J. Trübner / Veit & Comp.

Im Verfolgen meiner geologisch-paläontologischen Studien, besonders ausgehend von den süddeutschen Gebieten, bin ich dazu gelangt, mich mit den Meeresströmungen der Vergangenheit zu befassen. Zwar habe ich nicht die Absicht, dies Problem in seinem weitesten Umfange aufzurollen, sondern ich will nur über Mitteleuropa dies und jenes bringen, in welchem ich die mir bekannten Verhältnisse und Tatsachen für diese interessante Frage nutzbar mache. Mancher Vorgänger, z. B. NEUMAYR, hat über diese wichtigen Erscheinungen nachgesonnen oder Gedanken in zerstreuten Bemerkungen niedergelegt, die alle zu sammeln ein selbständiges Buch geben würden. Was ich hier vorbringe, wurde im Laufe von Jahren in freier mündlicher Diskussion mit Fachgenossen erörtert und geklärt, so daß ich im folgenden keineswegs nur ganz Eigenes vorbringe. Aber wer will und kann darin scharf sondern, wenn es sich um eine solche synthetische, langsam erwachsene Darstellung handelt?

Diese Bemerkungen waren nötig, damit ich recht verstanden werde und Grenzen, die ich mir sowohl sachlich, als auch literarisch zog, begreiflich werden. —

Meeresströmungen haben in vergangenen geologischen Perioden ebenso wie heute bestanden; denn Ebbe und Flut beherrschten jene Ozeane; Wind und Stürme wühlten die See auf und eine Verschiedenheit der Klimate war vorhanden und Ausgleichbewegungen von warmem und kaltem, von salzigem und süßem Wasser waren wie in der Gegenwart unvermeidlich.

Diese Meeresströmungen und Driften wurden in ihrem Laufe bedingt durch die vorhandenen übermeerischen Landmassen, und zwar nicht nur durch die Hindernisse, welche diese dem Laufe des Wassers entgegenstellten, sondern ebensosehr durch die Luftdruckverhältnisse, welche über dem Meer und den stärker erwärmten oder abgekühlten Kontinenten sich entwickelten und regelmäßige Winde veranlaßten.

Die Frage ist nur: Wie können wir solche Meeresströmungen oder Wasserversetzungen der früheren geologischen Zeiten nachweisen oder wenigstens erschließen und wahrscheinlich machen?

Da haben wir drei Hülfsmittel. 1. die Verteilung der Landmassen, 2. die Wanderungen festsitzender Fossilien, die nur als Larven vertrieben sein werden, 3. die Verschleppung des Gesteinsmaterials. Alle drei sind indessen mit Vorsicht zu gebrauchen, da wir ja infolge der Entstehung aller heutigen Ozeane die Ausdehnung der alten übermeerischen Festlandmassen nicht genau kennen, da uns ferner die Lebensbedingungen vieler ausgestorbener Tierformen unerforschlich sind, und da endlich die Verfrachtung von Schutt auch durch andere Bewegungen (Flüsse, Gletscher, Wind) als durch Meeresversetzungen geschah. Trotzdem ist eine Reihe von Schlüssen erlaubt und führt notwendig zur Annahme bedeutender, für die historische Geologie sogar entscheidend wichtiger ozeanischer Strömungen.

Die für lange Zeiten fundamentale Strömung war in dem Gürtelmeere der Tethys vorhanden. Wir wissen, daß Perioden hindurch eine nördliche und eine südliche Kontinentalmasse existierten, zwischen denen sich vom Pazifik über Süd- und Mittelasien, Kleinasien, das Mittelmeer und das zentralamerikanische Gebiet ein in seiner Breite, in seinen Buchten und Schelfmeeren wechselnder Meeresstreifen um die Erde zog. Seitdem Ed. Suess diese hochwichtige Tatsache feststellte, hat man mit Strömungen von Ost nach West in diesem Meere gerechnet, schon aus dem einfachen Grunde, weil die Axendrehung der Erde und der Umlauf des Mondes notwendig in diesem Gürtelmeere bestimmt gerichtete, einheitliche und im Lauf der Jahrtausende sich summierende Wirkungen hervorbringen mußten. Hieran ist ganz und gar nicht mehr zu zweifeln, um so weniger, als die Verteilung der Fossilien in den Faciesbildungen der Formationen vom Devon bis zum Eocän diese Schlüsse voll bestätigt, da eine geschlossene Fauna innerhalb einer derartigen Zone immer wieder in den aufeinanderfolgenden Schichtserien um die Erde verfolgbar ist. Die Zusammenstellung dahinzielender Beobachtungen und Betrachtungen findet man in dem Dacqué'schen Buche: Grundlagen und Methoden der Paläogeographie 1915. Vieles verdankt jeder, der sich mit solchen Fragen befaßt, den trefflichen Kärtchen in de Lapparent's „Traité de géologie“, einer Darstellungsart geschickter Zusammenfassung unserer Kenntnisse über die Verbreitung der einzelnen Formationsglieder, welche dann Haug in seinem jüngeren und auf dem neuesten Stand gehaltenen Buche in verbesserter Form übernahm.

Jenes ozeanische Dauersystem wurde erst durch die große tertiäre Faltung zerstört, welche die afrikanische Masse an Eurasien angliederte und annähernd gleichzeitig die mittelamerikanische Brücke schuf. Dadurch sind Pazifik und Atlantik mit ihren Strömungen als junge, in sich abgeschlossene Gebilde entstanden, während wir über das Werden des indischen Ozeans, besonders dessen Südhälfte, völlig im dunkeln bleiben. Aber auch im Atlantik haben sich mancherlei späte Veränderungen zugetragen, ehe der heutige Zustand sich ergab. Abgesehen von den weniger deutlichen Veränderungen zwischen Südafrika und Südamerika sei hier an die durch die Säugetierbeziehungen Nordamerikas und Eurasiens sehr wahrscheinlich gemachte Landverbindung beider Kontinentalmassen erinnert. Auch die weite Bedeckung der ebenen Tiefseeflächen zwischen Schottland und Grönland mit nur in flachem Wasser lebenden Mollusken (*Saxicava arctica)* in lauter toten Exemplaren deutet auf einen Abschluß des Ozeans im Norden hin. — Die Folgen aus dieser früheren, andersartigen Landverteilung sind tiefgehend, weil der Hauptmeeresstrom ein warmer Gürtelstrom sein mußte, weil lange Zeit das kalte Wasser der Pole keinen ungehinderten Zutritt zu den Tiefen der niederen Breiten fand. Wenn, worauf ebenfalls vieles hindeutet, dies vor allem in der Jura- und Kreidezeit der Fall war, ist zusammen mit den Tethysströmungen eine kräftigere Durchwärmung der europäischen Meere jener Zeiten anzunehmen.

Im einzelnen hat Semper diese Frage besprochen für das Alttertiär und den Einfluß der warmen Wässer mittels der eocänen Fossilien bis nach Grönland hin nachgewiesen; die damals noch vorhandene Tethysströmung begünstigte die Verbreitung ostasiatischer Mollusken bis in den nordatlantischen Ozean. Daß ebenso die Flora der nördlichen arktischen Tertiärländer ein wärmeres Klima voraussetzt, ist sehr wahrscheinlich, obwohl weitgehende speziellere Schlüsse aus den fossilen Pflanzen von Melville-Land, Grönland und Spitzbergen unsicher bleiben.

Aus dieser allgemeinen Verteilung von Meer und Land während der langen mesozoischen Periode folgt ein wichtiger Schluß über die Art der Winde. Mag das Land des Nordkontinentes zeitweilig größere Binnenseen oder Binnenmeere umschlossen haben, es war eine Landmasse, südlich deren warme Meeresströmungen liefen. Daher haben wir im Süden durchweg aufsteigende Luftströme anzunehmen, welche durch die Axendrehung der Erde abgelenkt wurden und als SW.-Winde wie heute erscheinen und umgekehrt dazu kontinentale Winde von NO. her als Ausgleich veranlassen. Die Folge wird eine der Gegenwart ähnliche gewesen sein. Wir haben nämlich zwischen den nördlichen und südlichen Festlandsmassen einen Vorläufer des Golfstromes anzunehmen, welcher an der nordamerikanischen Masse nach NO. entlang lief und, da er nicht in das Polarmeer eindringen konnte, an dem nordatlantischen Lande hinstrich und in das europäische Schelfmeer zur Jura- und Kreidezeit eindrang. Der Strom wurde ein Kreisstrom und lief wahrscheinlich mit abnehmender Geschwindigkeit in dem mitteleuropäischen Archipelagus aus oder trat durch dessen enge Pforten in Verbindung mit der ostwestlichen Tethysdrift. Für seine Ausdehnung wird von großer Bedeutung gewesen sein, ob die baltische Straße, d. h. die wiederholt auftretende Verbindung der westeuropäischen mit den östlichen Meeresräumen bestand oder unterbrochen war. Wir haben sie z. B. im Callovien, im Cenoman, im Mitteloligocän und werden sehen, wie sich damit die Verteilung der Sedimente jeweils ändert. Diese Straße hatte die Funktion des heutigen Ärmelkanals und führte in das Moskauer Becken, gerade so wie der Kanal in Nord- und Ostsee. Auch die wechselnde Gestaltung der mitteleuropäischen Untiefen, Korallen- und Oolithriffe, der Inseln usw. beeinflußte die Strömung. Wir haben auch sie als eine warme aufzufassen, vielleicht etwas kühler als die Tethysdrift, weil sie einen Bogen nach dem Nordpole zu beschreiben hatte; deshalb bot sie anderen Tierformen Lebensbedingungen, ohne jedoch die südlichen Gruppen ganz auszuschalten, da wir ja Ammoniten, Hippuriten, Nummuliten usw. in den Bereich dieses Kreisstromes einwandern sehen.

Im Mesozoikum besaß das Meer im heutigen atlantischen Ozean ganz verschieden weite Ausdehnung. Zur Triaszeit fehlen sowohl in den Oststaaten Nordamerikas als auch in Europa (England und Frankreich) alle Sedimente des freien Meeres, so daß dieses schwerlich in die Breiten zwischen 40 und 60 Grad eindrang. Zur Jura- und Unterkreidezeit haben wir sicher westlich von Europa offene See und sehen dann, daß im Cenoman das Meer immer weiter nach Norden vorgreift, so daß das Untertauchen der Landbrücke im Norden des jetzigen Ozeans zur Tertiär- und Diluvialzeit nur den Fortgang einer seit dem Perm langsam in gleichartigem Sinne vor sich gehenden Einmuldung darstellt. Der Gestalt dieses werdenden Ozeans schmiegten sich die Meeresströmungen an und brachten Wärme und Feuchtigkeit mit zunehmendem Maße in die amerikanisch-atlantische Festlands- oder Inselwelt hinein.

Wichtig wurde dieser Vorläufer des Golfstroms durch seine Sedimentzufuhr. Auf dem Wege längs der mesozoischen Nordatlantis nahm er viel feines Material als Trübe mit und verschleppte dies in die mitteleuropäische Inselwelt, lagerte es dort als Tonschlick ab und lieferte, was wir später im einzelnen sehen werden, die so charakteristischen und nur dadurch erklärbaren Tonfazies-Ablagerungen.

In dem Gürtelmeere machten sich auch die Gezeiten deutlich bemerkbar und zwar durch eine von Osten nach Westen fortschreitende Flutwelle. Wenn nun diese aus der Tethys von Süden her in das europäische Insel- und Schelfmeer vordrang, z. B. im Rhaet, Lias und in der Unterkreide, so mußten die dadurch entstandenen NW. gerichteten Strömungen dem nordatlantischen Kreisstrom hemmend entgegenlaufen und diesen zu einem stärkeren Absetzen seines Sedimentinhaltes immer wieder veranlassen. Durch alle diese verschiedenen Umstände ist West- und Mitteleuropa in Jura-Kreide und Tertiär ein Gebiet größter Sedimentation geworden und hat die andauernd rhythmisch eingetretenen Einmuldungen immer wieder mit Schutt ausgefüllt. Man denke nur an die mächtige Juraserie, an die 500—600 Meter dicke Oberkreide, an das gewaltige marine Paläocän Norddeutschlands. Die geringen festländischen Kerne Zentraleuropas haben solche gewaltigen feinsten Detritusmassen unmöglich liefern können. Diese müssen von auswärts stammen und sind nur von dem nordatlantischen Kontinente herzuleiten. Von letztem aber verschleppten litorale, gegen Osten gerichtete Meeresströme sie bis in unsere Gegenden, wo sie durch Gegenwirkung niederfielen.

Dies alles sind bisher nur Behauptungen, welche große Wahrscheinlichkeit besitzen, wenn wir die allgemeine Verteilung von Meer und Land im nordatlantischen Gebiet als gegeben annehmen. Eine Stütze dieser Ansichten liefern uns die beiden folgenden Gruppen von Erscheinungen, die Tierwanderungen und die Verteilung der Sedimentfacies. War in der Vergangenheit die Lage von Meer und Land anders, z. B. im Silur, so erhalten wir sofort andere Strömungen und andere Tierverbreitung. Im Silur lief nämlich die Drift östlich über die heutige skandinavische Masse weg nach dem Weißen Meere zu und verstreute Korallen bis über Gotland und Ösel nach Norden hinauf. Umgekehrt verdrängte das Verschließen der Tethys während des Oligozäns die Riffkorallen nach und nach aus dem Mittelmeer, so daß sie heute schroff bei Suez aufhören.

Unmöglich wird jedoch jegliche derartige Betrachtung, wenn die vorhandenen Landmassen auf der Erdoberfläche nach Art der Wegenerschen Hypothese herumschwimmen. Da diese Drifttheorie der Kontinente noch arg umstritten und nach meiner Ansicht gerade durch geologische Tatsachen angreifbar und widerlegbar ist, so habe ich auf sie keine Rücksichten genommen, sondern stelle mich im großen und ganzen auf den Standpunkt, den die Verfechter eines Gleichbleibens der großen Ozeane annehmen, soweit eben nicht wieder gerade geologische Momente eine Ausnahme wie im Nordatlantik fordern.

Diese ganz allgemeinen paläogeographischen Verteilungen wollen wir uns vor Augen halten, wenn wir nun im zweiten Abschnitt an das Thema im einzelnen herantreten und zunächst zusammenstellen, was die Tierformen und Faunen uns an Beweisen für Meeresströmungen bieten. Durch Wasserbewegungen im Ozeane verschleppte Arten sind als Fremdlinge oft die besten Leitformen und deshalb wieder gleiche Faunen die wertvollsten Grundlagen der geologischen Chronologie. Die Gürtelströmung von Südostasien her längs der Südränder der mesozoischen Festländer verteilte die Keime über die Meeresstraßen und Schelfmeere und schuf damit „Kolonien“ an den passenden Stellen in perlschnurartiger Reihe, von denen uns nach und nach immer mehr bekannt werden. Sie mahnen aber zugleich zur Vorsicht in der Benutzung der Leitfossilien, da die Tiere vielleicht eine lange Zeit zur Verbreitung brauchten, ihr Vorkommen in zwei sehr entfernten Gegenden also kein absolut gleichzeitiges sein kann, sondern wie alle geologische Chronologie eine Konzentrierung der Zeitspannen auf schmälere Bänder, gleichsam eine „Zusammendrückung der Zeit“ bezeichnet. Vor allem gilt dies von Tierformen, deren Larven schwebend sich nur kurz lebendig erhalten und zugrunde gehen, wenn sie inzwischen keine passenden Wohnstätten gefunden hatten. Dabei sind wir insofern übel dran, weil wir von den ausgestorbenen Gruppen keinerlei Anhaltspunkte über die Larven zu gewinnen vermögen, sind aber überhaupt bei den untergegangenen Geschlechtern oft nicht imstande zu sagen, ob sie krochen oder schwammen (Ammoniten, Nummuliten, Fusulinen, Trilobiten) und ob sie willkürliche oder unwillkürliche Verbreitung erfuhren. Je nachdem man diese Tiere auffaßt und ihre Biologie als ungesichert oder geklärt annimmt, wird man sie für geeignet oder ungeeignet zur Lösung der hier angeschnittenen Fragen bewerten.

Auf solche Schwierigkeiten stoßen wir gleich bei dem ersten Beispiele im Silur, bei den Graptolithen. In England, Skandinavien und Thüringen-Sachsen beobachten wir durchschnittlich dieselben Arten und eine gleichartige Aufeinanderfolge. Schwammen diese Tiere wie die Siphonophoren in Schwärmen, so verfielen sie den Strömungen und wurden an den Seiten des silurischen Meeres in stillen Buchten oder am Wattenstrande zusammengetragen und in abgestorbenem Zustande aufgehäuft. Diese Strömungen scheinen von SW. her nach NO. gegangen zu sein, und jene Untiefe, die das skandinavische Meer von dem böhmischen schied, diente als Anhäufungspunkt bis in die Lausitz hinein. Die fast ausschließliche Entwickelung dieser Facies im mittleren Deutschland läßt eine ausgesprochene Küstenströmung vermuten, die im Unter- und Obersilur anhielt und dauernder war als in Skandinavien, wo während des Silurs infolge der positiven und negativen Bewegungen mehrfache Verschiebung der Wasserversetzungen erfolgte und daher die Verteilung der Graptolithenschiefer willkürlicher erscheint. Ähnlich dürften die Zustände im Oberkambrium und untersten Silur in Skandinavien gewesen sein, wo wir in gleichen Gesteinen die *Agnostus*, *Peltura* und *Dictyonema*-Faunen von Kristiania-Schonen in breitem Bande über Öland und Vestergötland bis nach Estland verfolgen, wie später sich am Rande der See die Faunen der Leptaenakalke oder der Pentameruskalke in Dalarne und ähnlich in den baltischen Provinzen wiederfinden. Diese nördliche Uferströmung lief wohl um Nordfinnland herum nach Nordosten.

Für die südliche silurische Meeresstraße fehlt es an Verbindungsstellen zwischen Böhmen und Südfrankreich und Spanien, so daß dabei jede Kombination eben nur eine Behauptung bleibt. Eines erscheint mir an der nördlichen von Wichtigkeit, nämlich eine Meeresbewegung gegen Nordosten, welche über die westliche und südliche Ostsee warmes Wasser zuführte und vielleicht dadurch die Korallen bis Gotland gedeihen ließ. Aber wir müssen gerade in diesem Falle vorsichtig sein, weil wir über die biologischen Verhältnisse der Tetrakorallen gar nichts wissen und solche in späterer Zeit sogar bis Spitzbergen verbreitet sehen. Ich spreche hier bloß von Möglichkeiten. Immerhin sind der innige Zusammenhang des britischen und skandinavischen Cambro-Silurs und seine weitgehenden Beziehungen zum nordamerikanischen Silur auffällig.

Im Devon beginnt die Herausbildung der zusammenhängenden nordatlantischen oder kanadisch-skandinavischen Festlandmasse und damit der eigentliche Anfang des Gürtelmeeres, das aber noch weiter im Norden lag als später. Denn am Ende des Silurs beschränkte sich die kaledonische Faltung auf Schottland und Westskandinavien, um erst während des Devons ihre Wirkungen immer weiter nach Südosten vorzuschieben. Auffallen muß das Auftreten der Calceolafauna in Mittelasien mit denselben Formen wie bei uns, wozu in Armenien und im Ural einige Bindeglieder vorhanden sind. Die *Calceola* gerade ist ein bodenständiger Typus, der wegen seiner fremden Form als Leitfossil brauchbar und auf Meeresströmungen bei seiner Verbreitung angewiesen ist. Sie zeigt zum ersten Male die Neigung solcher spezialisierten Formen, sich gürtelförmig um die Erde zu verteilen. Auf der Südhalbkugel haben in Südafrika und Südamerika die Conularien eine ähnliche, aber anscheinend flächenartigere Verbreitung, deren Verfolgung heute einerseits durch den Indischen Ozean, andererseits durch den Pazifik abgeschnitten wird.

Im Karbon geben die Productiden und vor allem die Fusuliniden Anhaltspunkte für Strömungen. Bei diesen Foraminiferen ist fraglich, ob sie schwammen und dann durch das Wasser verschleppt und zusammengetragen wurden. Für die südostalpinen Fusulinenkalke möchte ich dies Verhalten annehmen, weil die inzwischen im Mittelkarbon aufgefalteten Alpen mit ihren Ketten in die osteuropäische offenere See ausliefen und Buchten genug enthielten, in denen sich solches Plankton anzusammeln vermochte. Dies ist um so wahrscheinlicher, als durch das mitteleuropäische varistische Gebirge die Verbindung zwischen dem zentral-russischen und dem belgisch-irischen Meere unterbrochen war. Eine jede aus dem asiatischen Meere in das zentralrussische Becken von Osten eintretende Drift mußte in Zentraleuropa zu einem Küstenstrom werden, der an der böhmisch-mährischen Masse und an den Südalpen entlang nach Süden führte, daher die mittel- und oberkarbonischen Fusulinen in den heutigen ostalpinen Strich, in die dalmatischen Gegenden und um Calabrien herum nach Sizilien trieb, wo wieder eine Verbindung über Südspanien mit einem westlicheren offenen Meere möglich wurde. Desgleichen scheinen die sizilianischen Scacchinellen aus dem Osten zu stammen, wo wir die Richthofenien vorzugsweise heimisch finden. — Auffallend bleibt die allgemeine Verbreitung einzelner kulmischer Arten, z. B. *Pr. semireticulatus*, *Pr. giganteus*, die um Südeuropa herumreichen, in Irland und Belgien ebenso wie im Ural vorkommen. Man könnte daraus schließen, daß im Anfang des Karbons über Norddeutschland das russische und westeuropäische Meer noch in direkter Verbindung standen. Die Entwickelung dieser Brachiopoden ist später in Rußland eine durchaus selbständige und daher eigenartige. Aus jener kulmischen Zeit mit einer südlich von Skandinavien laufenden schmalen Meeresstraße wäre auf die Paläonummuliten hinzuweisen. Wir treffen sie in Nordamerika, Irland, Belgien und im Moskauer Becken, aber nirgends häufig. Ich bin eigentlich der Meinung, daß dies westliche Formen waren, welche der Gegenströmung angehören, also von Südwesten nach Nordosten wanderten oder vertragen wurden und daher vor allem nördlich vom varistischen Gebirge und dessen auftauchenden Inselzügen sich verbreiteten. Sie gehören in Westeuropa etwas tieferen Schichten an als die im Osten.

Über die Binnenmeere des deutsch-englischen Zechsteins und der germanischen Trias spreche ich später, weil in beiden besondere Bedingungen herrschten, und gelange daher gleich zur alpinen Trias. In jener Zeit war die Tethys fertig und von Indien nach dem Mittelmeer die Straße entwickelt, an deren Nordrand sich die eurasische Festlandmasse einheitlich, obwohl von Binnenmeeren durchsetzt, ausdehnte. Man sieht an der Verteilung der Gyroporellen und Diploporen, wie deren Sporen aus dem osteuropäischen Areal immer weiter nach Westen verteilt werden, wobei sie fast gleichzeitig mit Crinoiden und Brachiopoden *(Retzia)* in das westalpine und germanische Küstengebiet eindringen und südlich der Böhmer Masse bis in die helvetischen Voralpen gelangen, immer als Vorposten der ihnen auf dem Fuße folgenden reicheren Fauna Es ist ja unbezweifelbar, daß alle diese Keime und Larven von Osten her in das sinkende Küstenland der Ost- und Westalpen einwanderten; man denke nur an die Korallen, die vielen Schnecken und an die gesamten Ammoniten, von denen letzten ich glaube, daß leere Schalen, durch östliche Strömung herbeigetrieben, sich massenhaft in stillen Buchten des alpinen Riffmeeres ansammelten und die Cephalopodenkalke schufen. Wir finden analoge Bildungen nur im Osten und Südosten der Alpen, nicht im Westen, weshalb für mich jenes von Osten kommende und um die damals anfangs noch vorhandene norditalisch-tyrrhenische Untiefe nach Süden abbiegende Wasserversetzung bewiesen erscheint. Mit der oberen Trias und dem westlich vorschreitenden Absinken der karbonischen Alpen greift diese Drift immer ausgesprochener und geradliniger nach Westen vor, siedelt die Diploporen gegen das französische Zentralplateau zu an, greift über Sardinien und Nordspanien weg, bis im Rhaet und Unterlias der Durchbruch nach Norden auf der ganzen Länge Mitteleuropas erfolgt.

Wir haben in der Fauna der alpinen Trias vom Muschelkalk an das erste Beispiel von Wirkungen, welche die Gürtelströmung der Tethys ausübte. Augenfällige Beweise liefern 1. die Heterasteridien, die von dem indischen Archipel bis in die Alpen reichen, 2. die Carditaarten um die *C. crenata*, 3. die Athyriden der oberen alpinen Trias, 4. die Daonellen, 5. die Trachydomien u. a. m. Dem triadischen Gürtelmeere gehören vor allem die Hexakorallen an, deren Zuwandern von Osten her deutlich genug wird; mit denselben stellen sich die Cidariden ein. Die spätere Entwickelung der Korallen und Cidariden zeigt vollständigen Parallelismus vom Lias bis Dogger, in der unteren und allerobersten Kreide, so daß diese Gruppe sicher durch eine Strömung g e m e i n s a m einwanderte, genau so wie sie im Trochitenkalk der germanischen Trias gemeinsam Gastrollen versuchen und damit nicht durchdringen.

Jura und Kreide bieten analoge Belege. In der L i a s - und D o g g e r - zeit war Mitteleuropa ein von Inseln und Halbinseln oder Untiefen durchsetztes Schelfmeer, das vorhandene Strömungen durchlaufen ließ. Daraus erklärt sich die hervorstechende Gleichheit der Mollusken, Echinodermen, Brachiopoden und Korallen in Süddeutschland, Nordfrankreich und England. Formbestimmend waren zwei Inselbrücken von nordwestlich gerichteter Erstreckung, nämlich 1. die Böhmer Masse—Thüringer Wald—Rheinisches Schiefergebirge und 2. Plateau Central—Cotentin—Cornwall—Wales, welche auch weniger dauernden Larven Zwischensiedelungen erlaubten. — Aus dem Rhaetmeere stammen im

Lias die Spiriferinen und Austern, Pleuromyen, Aviculiden, Gervillien, Pectiniden, Limiden, Nuculiden usw. Allmählich wandern zu die Pholadomyen, Trigonien, Inoceramen, Astarten, die Cardien, die Nerineen u. a. m.; auch versuchen Formen wie die Koninckiniden (Leptänabeds) und dort sich anzusiedeln. — Nach meiner Meinung wären zwei verschiedene Formenelemente, eine ostasiatische und eine nordatlantische Gruppe zu unterscheiden. Für die letzte weiß ich keinen besseren Namen; vielleicht darf man amerikanische Gruppe sagen, weil viele dieser Geschlechter im Jura Südamerikas ebenso vorkommen wie bei uns. Von der ersten Gruppe sei folgendes angeführt: Höchst interessant ist die Übereinstimmung der Astarten des Doggers von Misol mit unseren Unterdoggerformen, zweitens die dortige Blüte der Inoceramen, welche bei uns in den Polyplocus-Schichten vorübergehend Platz finden, dann aber wieder auf lange Zeit zurücktreten, bis die Cenomantransgression die großen konzentrisch gerippten Formen abermals bringt. Merkwürdig ist drittens das Auftreten der Durgafauna in den Molukken, im Vicentin und zentralen Frankreich, die auf weite und ziemlich rasche Verschleppung der Keime in dem Tethysstrome hindeutet, wobei geeignete Stellen kolonieartige Gebilde aufkommen ließen. Eine in der Thetys und Zentraleuropa dem oberen Lias gleichmäßig angehörende Ammonitenform stellt *Hildoceras bifrons* dar, welche als Leitfossil für die Stufe gelten muß, im Gegensatz zu so vielen anderen Juraammoniten, welche in ihrer Variabilität ausgesprochenen Lokaltypus tragen. Auch die Aspidoceraten des Malm (*A. acanthicum*) wären hier zu nennen und, wie lang bekannt, die Phylloceraten und Lytoceraten, welche mit ihrem Auftreten im Lias und Dogger Mitteleuropas deutlich den Charakter von gelegentlichen Einwanderern zeigen. Von ihnen sind nur vorübergehend an der Lias-Dogger-Grenze Lytoceraten mit mehreren Arten wirklich dort heimisch geworden, ein Vorgang, der sich nach der Callovientransgression im unteren Malm mit den Phylloceraten (*P. tortisulcatum*) wiederholt. — Der zweiten Gruppe teile ich die meisten Myiden (*Pholadomya*, *Goniomya*), die Trigonien, die Nerineen, die irregulären Typen der Seeigel zu. Bloß die Myen stellen sich im Unterlias sofort ein, jedoch mit nur wenig entwickelten, d. h. glatten Arten; alle anderen Familien kommen später, reichlicher sogar erst im Dogger, gerade so, als hätten sie während des Lias in den neu entstandenen Straßen erst eine lange Wanderung zurücklegen müssen, ehe sie zu uns gelangten. Dabei erscheint mir von Bedeutung, daß diese zweite Gruppe im alpinen Lias ganz fehlt, also nicht aus der Tethys durch Pforten in Süddeutschland und im Alpenbereich in das westeuropäische Jurameer gelangt sein kann. Sie wird von Westen durch jenen Küstenstrom herbeigebracht sein; denn im mittleren Lias Englands kommt die erste kleine *Trigonia* vor, welche darauf mit *Trig. pulchella* unserer Torulosustone die weite Verbreitung dieser Gattung einleitet. Ebenso haben wir in England mit *Pygaster* des oberen Lias den ersten irregulären Seeigel und ferner die ersten Korallenriffe, die Vorläufer der Dogger- und Malmformen; im englischen Unteroolith erlangen die Nerineen ihre erste Blüte und werden von dort nach Südosten verteilt, so daß sie im Bathonien des Breisgaus und des Schweizer Juragebirges sowie lokal am Fläscher Berg im Alpenrheintal und in den Klausschichten Südtirols erscheinen, bis sie endlich mit den Riffen des Untermalms gleichmäßig auf dem Bogen England—Genf heimisch werden. Die *Echinobrissus* wiederholen denselben Gang, ebenso *Collyrites*. Nehmen wir dazu die an den Ufersaum gebundenen Meeressaurier und Crocodilier des englischen und deutschen Lias, welche ebenfalls früher in England reichlicher und mannigfaltiger erschienen als bei uns, so bekommen wir tatsächlich eine Reihe von Tieren, welche sich von Nordwesten her nacheinander in das mitteleuropäische Schelfmeer einschieben.

Solche Tatsachen ließen mich überhaupt die Frage stellen: Woher unsere mitteleuropäische Liasfauna stammen mag. Mit der Tiergesellschaft der oberen alpinen Trias besteht doch herzlich wenig Gemeinschaft, und ist solche vorhanden, so reicht sie sicher nicht über das Rhaet oder die Grenzbildungen der Transgressionszone hinauf. Deshalb war mir ungemein wertvoll die Arbeit von Joh. Böhm[1]) über die Trias der Bäreninsel, wo in dem Fossilmaterial der karnischen Stufe unzweifelhaft Typen unseres Unterlias stecken. Da bisher niemand auf diese Beziehung hingewiesen hat, sei etwas ausführlicher darauf eingegangen. Der Seestern, der Pentacrinus, die Terebrateln, *Spiriferina Lundgreni* tragen liasischen Charakter, vor allem aber gilt dies von den Zweischalern. Wir haben darunter eine *Gryphaea*, welche direkt Vorfahr der unterliasischen kleinen Arcuaten sein kann, ferner Limen vom Habitus der *Lima Hermanni* und *L. pectinoides*, drittens in *Pecten Oebergi* die Form des *P. glaber; Avicula Bittneri* kann als Vorläufer der *A. contorta* angesehen werden und für *A. Torelli* gibt es in dem Psilonotenkalk Analoga; *Paläoneilo Tobieseni* ist eigentlich eine *Nucula Hammeri*, gerade so wie manche der Myophorien den Trigonien des Unterdoggers gleichen. Die wenigen Schnecken könnten ebenso, wie hier aus der karnischen Stufe, aus den Hettinger Sandsteinen des Lothringer Lias stammen. Die Ammoniten sind dagegen echte Triasformen. Es liegt

[1]) Über die obertriadische Fauna der Bäreninsel. Kgl. Svensk Akad. Handl. Bd. 37. Nr. 3. 1903. Stockholm.

also in dieser Fauna eine vorläufig wenig klare, aber trotzdem wichtige Andeutung vor über die Herkunft unserer mitteleuropäischen Jurafaunen. Wir wissen ferner, daß Skandinavien im oberen Keuper absank, und es ist daher eine Verbindung nördlicher triadischer Meeresprovinzen mit dem südlichen Rhaetmeere denkbar oder mit einem in seinen Sedimenten jetzt unzugänglichen Abschnitt des mittleren Atlantischen Ozeans. Leider bieten die schonenschen Rhaetschichten keinerlei Anhaltspunkte, weil sie sich nach den neuesten Forschungen als reine Süßwasser-, höchstens Brackwasserabsätze herausgestellt haben, in denen eine spezialisierte Gruppe von Schlamm bewohnenden Muscheln üppig gedieh. Wie sich im nördlichen Atlantik die Verteilung von Meer und Land gestaltete, läßt sich heute gar nicht sagen. Reichte eine Meeresbucht zeitweilig von Süden bis zur Bäreninsel? Öffnete sich im Rhaet vorübergehend eine Straße nach Art der Behringstraße vom triadischen Polarmeere bis zum mitteleuropäischen Ozean, welche mit der Hebung Skandinaviens im Dogger wieder verschwand? Hierüber enthalte ich mich jeder bestimmten Ansicht; aber folgender Meinung bin ich ganz bestimmt: man hat bei uns immer zu starr auf die schwäbischen Rhaet-Liaspforten geschaut und deren Gangbarkeit nach meiner Ansicht überschätzt. Der süddeutsche Unterlias deutet auf ganz flaches Wasser; man erinnere sich nur der eisenschüssigen Angulatensandsteine, der „Schweichel" mit ihren vielen Kriechspuren, der Aargauinsel mit den Insekten. Auch die Cardinien sind keine Tethysbewohner gewesen. Überhaupt fehlt in den Nordalpen der direkte Zusammenhang des germanischen Lias mit dem mediterranen; denn der Lias der Schweizer Alpen ist durchaus mitteleuropäisch, wo er fossilführend wird. Die Faunenverbindungen sind eher um den Westrand von Europa herum zu suchen, als etwa über die Reste des vindelizischen Gebirges hinweg nach Norden. War nun zwischen Plateauzentral und Böhmer Masse eine Kette von Untiefen vorhanden, so wurde jene amerikanische Nordost-Strömung eine Kreisbewegung, welche in diesen Buchten anschwemmend wirkte. Die Massen von Ammoniten, Belemniten (Schlachtfelder), die Lagen mit flottierenden Pentacrinen erklären sich dadurch ebenso leicht, wie die mächtige Serie toniger Gesteine im Lias.

Schon Neumayr (Die geographische Verbreitung der Juraform. S. 83)[1]) hat 1885 eine von den Ardennen herkommende nach Osten gerichtete Strömung erschlossen, weil die Tonfacies im Lias Süddeutsch-

[1]) Denkschriften der Wiener Akad., math.-naturw. Kl. Bd. 4, 1885. Brandes, Die Ardenneninsel.

lands vorherrscht und, je mehr jenem Massiv genähert, Sanden Platz macht. DAUQUÉ hat wieder darauf hingewiesen mit der NEUMAYRschen Bemerkung, daß die Ardenneninsel selbst zu klein sei, um das Tonmaterial alles geliefert zu haben. Ich bin der Ansicht, daß die Faunen im Lias und Dogger auf eine von England nach Südosten laufende Drift hinweisen, stimme also mit NEUMAYR somit überein; den feinen Schlick leite ich aber viel weiter west- und nordwärts her, wie später auseinanderzusetzen sein wird.

Im Opalinustone erreicht diese Facies ihre größte Ausdehnung und gleichmäßigste Entwickelung. Im unteren Dogger ändert sich das Bild und zwar durch eine Nordwest-Südost gerichtete, schwache Aufwölbung, welche schon HAUG (Traité de géol. S. 996) auf einer Karte angibt, auf deren Bedeutung auch ich in neuester Zeit (Zeitschrift der Deutschen Geologischen Gesellschaft 1921, Briefl. Mitteilung S. 27—29) hingewiesen habe. Im Bajocien entsteht bekanntlich von England her nach der Normandie übergreifend und an die Ardennen sich ansetzend die Oolithfacies. Mit ihren Korallen, Echinodermenbreccien, Serpulidenatolls, Mumienkalken breitet sie sich im Schutze der Ardenneninsel immer weiter nach Südosten über die alten Untiefen des Schwarzwaldes, der Vogesen und des Schweizer Juragebirges bis zum französischen Zentralplateau aus, so daß das Doggermeer Zentraleuropas durch diese Riffzone in zwei Teile zerfällt. In den östlichen wird, wie während des Lias, aller Tonschlick hineingetragen und bildet die mächtigen einheitlichen Doggertone. Deren Absatz ist verständlich, wenn eine von Nordengland (Yorkshire) und aus der Nordsee kommende Drift den Schlamm dort hineintrieb und ablagerte, weil ihre Geschwindigkeit durch Hindernisse im Süden, seien es submarine Barren, sei es die Haupttethysströmung am Ablauf gehindert war. Den petrographischen Unterschied im deutschen Dogger haben schon lange die verschiedensten Autoren hervorgehoben, neuerdings hat POMPECKJ darauf hingewiesen im Zusammenhang mit den zoogeographischen Beziehungen zwischen Jurameeren Nordwest- und Süddeutschlands [1. Jahresbericht des Niedersächsischen geologischen Vereins 1908, S. 10—11). Er betont vor allem die zentraldeutsche Schwelle und den stärkeren Einschlag englischer und nordfranzösischer Formen unter den norddeutschen Doggerammoniten als unter den süddeutschen.

Die Sache wird anders im Malm, weil sich damals Mitteldeutschland hob, Norddeutschland mit Pommern-Preußen sank und die berühmte baltische Straße NEUMAYRS eine Verbindung des westeuropäischen Jurameeres mit dem Moskauer Becken bewirkte. Die norddeutsche mit dem russischen Jura in Verbindung stehende Ammonitenfauna des Callovien hat über Popiläni und die Ostseegebiete viele Arten nach Westen (erst Hannover, dann England) vordringen lassen. Die im Callovien Süddeutschlands auftretenden kleinen Aucellen könnten auch aus dem Molukkengebiet allmählich zugewandert sein; die im pommerschen Mittelmalm vorkommenden *Auc. Pallasi* werden aber besser aus dem russischen Meere hergeleitet und passen durchaus dazu, daß einzelne Moskauer Ammoniten, vor allem Virgatiten, im Malm Englands eine Gastrolle geben. Nicht ausgeschlossen ist daher, daß ebenfalls die Jason- und Ornatusgruppe sowie die Cardioceraten, welche seit Eröffnung der baltischen Straße auch in Süddeutschland erscheinen, von Osten stammen. Man könnte an eine Unterströmung in der baltischen Straße denken, welche die benthonischen Ammoniten westwärts wandern ließ, während die Uferfauna der westeuropäischen Sedimente ostwärts mit der Oberströmung sich ausdehnte. Es wäre dabei das mit dem Polargebiet verbundene Wasser des Russischen Beckens als eine kalte, deshalb schwere Unterströmung, die von Westen kommende als warme Oberströmung anzunehmen. Salfeld (Zentralblatt für Min. Jahrg. 1921, Nr. 6, S. 173) ist zwar gegen die Auffassung des borealen Jurameeres als einer kälteren Wassermasse, weil es bis 47 Grad reicht. Das ist aber kein Hindernis, wie die Strömung an der amerikanischen Ostküste heute uns dartut. Die verschiedenen Ammonitenfamilien wandern nach Salfeld aus der Tethys auf vorläufig unbekannten Wegen dorthin ein, entwickeln sich mit Ausnahme der Perisphincten aber nicht; das muß doch einen Grund haben. Als solcher liegt immer noch Temperaturdifferenz des Wassers am nächsten. Haug (Traité de géol. S. 1080) hat die Wanderung der russischen Malmfaunen kartographisch mit Pfeilen dargestellt. Ich bin der Ansicht, daß wir in dieser Skizze statt der Pfeile zum Teil einfach Meeresströmungen setzen dürfen. Umgekehrt ist die Übereinstimmung der pommerschen Kimmeridgearten mit denen von England und Boulogne, in der Normandie und bei Porrentruy im Berner Jura zu betonen, wobei der Nordrand des Harzes bei Hannover und der Südrand der Skandinavischen Masse in der Kattegatgegend die erforderlichen Zwischenglieder liefern. Als typisches Beispiel mag *Pygurus Blumenbachi* dienen, da dieser an die Oolithfacies gebundene Seeigel bei Boulogne, in Hannover und bei Bartin unweit Kolberg in Pommern auftritt. Ebenso wandert die seßhafte *Goniolina* vom Pariser Becken und dem Juragebirge im Kimmeridge zusammen mit den kleinen Austern bis zu den Odermündungen, ebenso der an die Oolithe und Riffe gebundene westeuropäische *Trichites*. Am merkwürdigsten ist die Verbreitung der *Pseudomonotis echinata*, welche im englischen Unteroolith beginnt, im süddeutschen Hauptoolith bankweise erscheint, dann im oberen Dogger (Odermündungen) und Callovien der baltischen Straße ein wichtiges Leitfossil wird, bei Popiläni vorhanden ist und schließlich sogar die östlich von Spitzbergen gelegenen Inseln Karlsvorland erreicht. Es ließe sich zwanglos an eine Wanderung längs der Süd- und Ostseite der skandinavisch-finnischen Masse bis ins Nordmeer denken, begünstigt durch die so laufende Drift. Keine dieser Formen verbreitet sich im Moskauer Becken, wo auch unsere typische Pterocérien-Fauna absolut fehlt. Lag dies etwa an einer von Norden kommenden Gegenströmung innerhalb dieses Beckens, welche ein Aussäen von Keimen in das Innere verhinderte, oder an kälterem Wasser? Die baltische Straße muß im Malm den während des Dogger scharf ausgeprägten Kreisstrom zeitweilig nach Osten abgebogen haben, um so mehr, als sich erstens im schwäbisch-bayrischen Gebiet die Riffbarre entfaltete und zweitens schließlich die Maingegend aufwölbte und über Wasser stieg.

Soweit in der Wealdenzeit die baltische Rinne erhalten blieb, diente sie sicher den Flußwässern des Nordkontinents, einschließlich Skandinaviens zum Ablauf und zwar nach Westen, wurde dabei zugeschüttet und in einen Deltasumpf oder in ein Marschland umgewandelt, ähnlich den Flächen vor der heutigen Elbmündung, nur ausgedehnter. Die Flußschlickmassen vereinigten sich dort mit den Anspülungen von Meeresdrift und Gezeitenströmungen, so daß die innigen Beziehungen von dunklen Tonlagen und hellen Sandsteinen der Dünen und Sandschaarzone leicht verständlich werden. Im Alpengebiet und in Südeuropa stellt sich im allgemeinen der Zustand des obertriadischen Tethys-Meeres wieder her mit einer glatt durchziehenden, nach Norden durch Land begrenzten tieferen See. Als sich die Pforte zwischen Morvan und Vogesen im Neocom wieder auftat, blieb dort, nach den Sedimenten zu urteilen, eine Untiefe bestehen. Der Hauptwasserstrom lief ungestört im Mittelmeergebiet über Südfrankreich und Südspanien nach Westen weiter und bog wohl erst im Atlantik nach Norden um, so daß er nördlich von Schottland in das neu belebte norddeutsch-französisch-englische Becken eindrang und darin gleichsam gefangen war. Wir haben deshalb dort abermals ein ausgesprochenes Vorherrschen der dunklen tonigen Sedimente und eine Fauna, welche zwar mit der alpin-mediterranen Ähnlichkeit, aber wenig wirklich gleiche Arten gemeinsam hat. Darauf hat v. Koenen bei der Bearbeitung der norddeutschen reichen Unterkreideammoniten zuerst hingewiesen; denn er fand nur vikariierende, nicht identische Spezies unter den Crioceren, Ancyloceraten und Desmoceraten, abgesehen von einzelnen kosmopolitischen Spezies. Eine direkte Beziehung zwischen Dauphiné und Provence mit Argonnengebiet oder Südengland infolge eines kräftigen Einstromes durch die Neufchateler Pforte wird dadurch unwahrscheinlich und eher ein weiterer Umweg wie früher im Lias annehmbar. Die Uferformen indessen, also Seeigel, Brachiopoden, Serpuliden, Austern und Schnecken sind im Gegensatz zu den Ammoniten natürlich durch eine über diese Barren laufende Oberflächendrift vertragen und daher als Leitformen der Neocom-Schichten in beiden Gebieten wichtig geworden *(Toxaster granulosus, Exogyra Couloni)*. — Der Tethysströmung muß *Orbitolina lenticularis* angehören, welche ja von Asien bis Mexiko im Urgon verbreitet und zwar überall mit dem Einsetzen einer oft nur dünnen Mergelzwischenlage verknüpft ist. Eigentlich gehören auch die Spatangoiden zu den mediterranen Formen, was ihr unglaublich zahlreiches Auftreten in den verschiedenen „Marnes à Toxaster" in dem Dauphiné und den Schweizer Alpen dartut, und besiedelten wohl durch die Neuenburger Pforte das englisch-französische Becken. Dabei ist auffallend, daß die mit den *Toxaster* vergesellschafteten Orbitolinen am Jura haltmachen und nicht nach den Argonnen, England und Norddeutschland wandern, genau so wie später Idalinen und Lacazinen nicht im mittel- und nordfranzösischen Senon heimisch werden. — Die großen Exogyren betrachte ich als Litoraltiere der Tethys, welche langsam in die mitteleuropäischen Gewässer einwandern und dann bei der mittelcretacischen Strandverschiebung weithin sich ansiedeln, weil sie inzwischen angepaßt waren. Auch am Südrande des Gürtelmeeres wimmeln die Kreideschichten Nordafrikas von solchen Austern. — Die Requienien und Monopleuren sind typische Gürtelmeer-Riffbewohner, bei denen aber, wie bei dem jurassischen *Diceras* die Zuwanderung in ihren Einzelheiten dunkel ist. Auch haben sie sich nicht an die Sand- und Schlammgründe des nördlichen Neocommeeres gewöhnen können. Das Auftauchen der Diploporen in den Urgonkalken beweist, daß diese Algengruppe in der Tethysströmung dauernd lebte und bloß neu verbreitet, dabei ebenfalls von dickschaligen Muscheln begleitet wurde, wie es früher in der Obertrias durch *Megalodon* und *Dicerocardium* geschah.

Mit der Cenoman-Transgression ändert sich abermals die Wasserbewegung, da wir neben örtlichen Hebungen im Alpengebiete Senkungen im nördlichen Mitteleuropa haben. Die Inoceramen werden durch eine Wasserströmung aus der Tethys über Ungarn, Karpathen und Böhmen herbeigebracht sein, und zwar nenne ich diesen Weg deshalb, weil in den Alpen und in dem Mediterraneum diese Zweischaler sehr zurücktreten. Es hatte sich ja im Südosten die breite, flache Meeresstraße gebildet, die durch den Karpathenflysch und Quadersandstein deutlich genug bezeichnet ist und deren Sediment gerade für Inoceramen geeignet erscheint. Die Inoceramen sind ausgesprochene Tethystiere. Sie erreichen in den Molukken früh eine große Blüte und scheinen schon im Lias und Dogger bei uns aus dem Tethysgebiet etappenweise eingewandert zu sein, ohne festen Fuß zu fassen. So erhalten wir *Inoceramus dubius* im Lias, *In. polyplocus* im unteren Dogger, *In. concentricus* im Neocom. Alle drei sind vorübergehende Erscheinungen, kommen zwar in einzelnen Bänken massenhaft vor, bleiben aber klein und unterscheiden sich dadurch von den 12—14 cm langen Doggerarten, welche Georg Böhm haufenweise von Misol und anderen Stellen des hinterindischen Archipels mitbrachte. — Gleichzeitig und auf gleicher Bahn wanderten im Cenoman ferner die *Micraster* und *Ananchytes* zu, welche in den zentralalpinen, den italischen und südfranzösischen Cenoman- und Turonschichten eine viel untergeordnetere Rolle spielen und erst jenseits der Tethys auf dem afrikanischen Schelf, und zwar mit selbständigen Arten herrschen. — Aus der Tethys aber stammen die Kreideceratiten, welche in die französisch-englische Kreide vorstoßen, und den gleichen Weg schlugen die Hippuriten in dem Gürtelmeer durch Südeuropa und dann um Westeuropa herum ein. Gerade im Gegensatze zu den Inoceramen sind diese letzten in mährisch-sächsischen Kreidestreifen arg verkümmert, reich entwickelt aber in dem Striche Balkanhalbinsel—Italien—Pyrenäen, von welchem im Westen mehrere Straßen in das französisch-belgische Becken und von dort nach Schonen und Sachsen führten. Auf diese Weise sind wahrscheinlich die Hippuriten bis an den Harz und weiter nördlich und südöstlich gelangt, d. h. in Meeresgründe, in denen sie bei schließlich geglückter vorübergehender Ansiedelung verkümmerten. Sie haben sicher die in der Oberkreide wiederbelebte baltische Straße nicht benutzt, da sie in Pommern und östlich davon fehlen, obwohl die Schichten mit *Actinocamax mamillata* und *Belemnitella mucronata* über Polen bis nach Südrußland hineinreichen und sogar schon die Cenomanfauna an der Wolga denen von der Danziger Gegend, von Essen und Le Mans recht ähnlich ist. Ich glaube mit anderen Paläontologen bestimmt, daß die Wasserwärme bei der Verbreitung der Hippuriten eine wichtige Rolle spielte, und daß diese wärmeren, in Mitteleuropa westlichen Strömungen bis knapp nach Schweden reichten. Darin wird auch der Grund für die Verbreitung und Beschränkung der Orbitolinen liegen. Die unempfindlicheren Austern *(Exogyra conica, Alectryonia carinata)* gehören dem kälteren flachen Wasser der Südostdrift an. Sobald die polnisch-sächsische Pforte sich in der oberen Kreide schließt, siedeln sich im Faxekalk

Schonens und Dänemarks sofort die letzten mitteleuropäischen Korallenriffe an, und mit dem atlantischen warmen Wasser wandert die südeuropäische Seeigelgattung *Hemipneustes* bis Aachen. Diesem atlantischen Wasser verdanken wir die Meeressaurier des Danien, die Phytonomorphen, welche wieder klare Beziehungen zu Nordamerika ergeben, als sei ein „Golfstrom" von dort nach Europa herübergegangen.

Mit dem Cenoman versuchen einige ältere Formen eine neue Blüte zu erlangen, z. B. *Actinostromaria*, welche in der Tethys lebte und von Südeuropa bis Le Mans reicht und sich an die paläozoischen Stromatoporiden anlehnt, zweitens die Pharetronen, drittens die Aucellen, viertens die Trigonien, welche die Scabragruppe neu entwickeln und damit wirklich noch einmal weltweite Verbreitung erreichen. Aufmerksam ist darauf zu machen, daß die „weiße" Kreide mit ihren vielen planktonischen Foraminiferen sich sowohl nach der Zeit, als auch nach dem Orte dort so massig absetzt, wo jene Straße von Osten nach Westen quer durch Mitteleuropa am breitesten und tiefsten war. Schon früher sprach ich die Behauptung aus, dies Turon-Senon-Plankton sei durch Strömungen zusammengetragen oder begünstigt, und noch heute stehe ich auf diesem Standpunkte, indem ich wegen der weiten Verbreitung der gleichen Facies bis nach Südostrußland meine, daß von dort, also von Osten her kräftige Driften diese Tierschwärme oder -Wolken bis nach England trieben. Der Mangel an Tonschlamm schließt nach meiner Auffassung einen von Westen am nordatlantischen Festlande entlang gehenden Strom aus. Nach Schließen der baltischen Kreidestraße stellt sich im Paläocän diese Schlammzufuhr sofort wieder ein, sobald das kurze Zwischenstadium des Danien überwunden war.

Im Tertiär haben wir in der Verbreitung der Nummuliten vollständige Analoga zu den Hippuriten, welche letzte ja auch schon von Foraminiferen (Idalinen und Lacazinen) begleitet waren. Die Nummuliten dringen in das Paris-Londoner Becken ein und reichen eben noch bis Nordwestdeutschland. Aber es sind alles kleine Arten gegen die südeuropäisch-kleinasiatisch-ägyptischen Typen; man denke an *Num. planulata* der Sables de Cuise, *Num. variolaria* der Sables moyens. Die Strömung hatte augenscheinlich geringen Zutritt zu jenem Becken, das von Inseln und Halbinseln umschlossen war; die Riffkorallen drangen überhaupt nicht so weit vor, die Orbitoiden des Obereocäns und Oligocäns auch nicht mehr, obwohl im Danien Mastrichts eine kleine Form üppig gediehen war. Interessant sind in der Hinsicht die Alveolinen, welche im Pariser Becken sich zwar zeitweilig stark vermehrten, wobei jedoch die gedrungenen Arten, die in Südeuropa gesteinsbildend wirkten, nahezu fehlen. Die Hebung im Unteroligocän schnitt die Strömung ab. Daß durch mehrere Pforten, die vielleicht in Südfrankreich lagen, die eocäne Tethys und das Pariser Becken verbunden waren, geht aus der Übereinstimmung vieler Arten in dem letzten mit solchen der Pyrenäen, Provence und des Vicentiner Eocäns hervor. Es macht den Eindruck, als läge in der Pariser Fauna eine Mischung vor, die aus zwei verschiedenen Gebieten herstammt. Von diesen Typen sterben die südlichen am ersten aus, so daß im Oligocän eine einheitliche, auf Mitteleuropa beschränkte, durch Meeresdrift West—Ost verschleppte Fauna sich entwickelt. Auch nach der weiten mitteloligocänen Transgression war keine Beeinflussung Mittel- und Nordeuropas durch die indischen Wasser mehr vorhanden; augenscheinlich war beim Beginn der Alpenfaltung irgendwo zwischen Europa und Asien die Tethysströmung unterbrochen. Dies hat Semper schon 1895 klar auseinandergesetzt. Die mitteloligocäne Fauna ist vom Pariser Becken bis Stettin und weiter nach Polen und Podolien hinein einheitlich, einheimisch, und ganz aus dem Eocän ableitbar. In dem seichten, von Südrußland nach Schonen reichenden Meere muß eine Wasserbewegung quer durch Europa zwischen der skandinavischen Masse und der zentraleuropäischen Insel vor sich gegangen sein, jedoch vermag ich nicht festzustellen, ob von West nach Ost oder umgekehrt, vermute aber das erste wegen der Ableitung der Fauna aus dem westeuropäischen Eocän. Dieser Zustand bleibt im Miocän, nur daß die Meeresverbindung nun südlich der zentraleuropäischen, mehr und mehr der skandinavischen Masse als Vorland angegliederten Inseln und Halbinseln lag. Ein vom mittleren Atlantik in die Buchten Westeuropas und das Mittelmeergebiet eindringender Strom verteilt die Molluskenformen derart, daß die noch heute überlebenden in den afrikanisch-lusitanischen und mediterranen Meeresteilen zu finden sind. Über Norddeutschland und im besonderen über die Ostsee ging wieder wie im Wealden ein kräftiger Südwasserabfluß durch ein Deltagebiet nach Westen in die Nordseegegend. — Im Pliocän zerbricht endlich die nordatlantische Brücke, und mit dem kalten Wasser dringen dessen Arten immer weiter nach Süden vor, gelangen schließlich sogar in das Mittelmeer, wo in italienischen Schichten die borealen *Cyprina islandica*, *Saxicava artica* und *Pecten islandicus* eine Gastrolle geben. Damals hat ferner ein Einbruch des Mittelmeerwassers durch Dardanellen und Bosporus eine Wasserversetzung ins Schwarze Meer erzeugt und die Fauna des salzreichen Wassers am Rande des Beckens verbreitet.

Im Diluvium macht sich nach der Haupteiszeit der Golfstrom bemerkbar, der durch den Kanal eindringt und das Eis teilweise zum

Weichen bringt, so daß sich die Eemfauna bis gegen Bornholm verbreitete. Nordamerikanischer Einschlag in dieser ist nachgewiesen und nordamerikanische Gräser (Cyperaceen) treten, wohl durch Strömungen vertragen, in den interglazialen Torfmooren Jütlands auf. Die postglazialen Veränderungen in Nord- und Ostsee mit der arktischen Yoldia- und mit der jüngeren Litorinafauna, die von der Nordsee bis Haparanda reichte und beide auf Einströmen von Wasser aus Norden oder Westen bis in die innersten Winkel der Ostsee zurückgehen, seien, weil so oft erörtert, nur kurz erwähnt.

Die Litorina-See hat im Paläozoikum einen Vorläufer gehabt und zwar in dem mitteleuropäischen Zechsteinmeer, das auch von Westen bis auf die baltische Platte übergriff und eine in ähnlicher Weise verarmte, an solch binnenländisches Becken angepaßte Lebewelt umschloß. Dabei muß eine aus dem atlantischen Bereich eindringende Strömung die Keime zugeführt haben, wie es im jüngsten Känozoikum vom Ägäischen Meer her in den Pontos geschah. Dies bringt uns auf andere solche Spezialfälle zu sprechen, für welche die germanische Trias gute Beispiele liefert. Im unteren Muschelkalk lag die Wasserpforte im Osten am heutigen Karpathenfuße und das dort einflutende Salzwasser verbreitete *Dadocrinus gracilis*, *Beneckeia Buchi* nebst den Zwischenschalern weit nach Westen bis an den Rhein. Das Salzwasser kam dort, wie heute durch den Sund und Bosporus, in ein sonst abgeschlossenes Becken und, als es sich im Hauptmuschelkalk erneut einstellte, vielleicht durch andere Tore von Süden her, wobei sich auch Gyroporellen und *Retzia trigonella* in Süddeutschland und Lothringen ansiedelten, sowie einzelne Korallen bei Donaueschingen. Bei solchem Einbruch des Salzwassers gelangten Spongien, Foraminiferen, ja einzelne *Arcestes* in den süddeutschen Trochitenkalk. Weil sich alle diese rein marinen Typen in der südwestdeutschen Ecke finden, bin ich der Ansicht, daß die neuen Pforten im Süden (Rhônetal?) lagen. Man sieht jetzt in der Ostsee bei Rostock noch *Litorina* und *Scrobicularia* gedeihen, weil das Nordseewasser bis dorthin seinen Einfluß ausübt; Seesterne treten in der Travemünder Bucht reichlich auf, fehlen indessen schon bei Rügen. So bedingten in der mittleren Trias Einströme die Verbreitung der Tiere, und im Keuper muß noch einmal ein solcher Einbruch von Süden geschehen sein, welcher *Myophoria Raibliana* in unverminderter Größe bis Würzburg in die mittleren Keuperschichten und *Myoph. Whatlyae* in den Aargau brachte. Für die Verteilung des Salzwassers in der Ostsee spielen die dort herrschenden Westwinde eine große Rolle. In dem deutschen Triassee müssen von Osten, d. h. von der damals noch vorhandenen russischen Kontinentalmasse her wehende Winde herrschend gewesen sein. Alle Formen des Wellenkalkes werden gleich bis Lothringen und Südbaden verbreitet, z. B. auch seltenere Typen (Ptychiten, *Encrinus aculeatus*). In dem Schaumkalk des Odenwaldes sehen wir massenhaft gestrandete, abgerissene Crinoiden, die vielleicht aus östlicheren Gegenden herstammen und durch Wellen vertrieben wurden. — Ein Ergießen des Meeres in übertiefte Senken siedelte endlich im unteroligocänen, von Salzseen erfüllten Rheintalgraben die mitteloligocänen Faunen des Meeressandes, Septarientones und Fischschiefers an, wobei gerade wie am Schwarzen Meere sich das reichere Leben an den Ufersäumen (Weinheim Pfalz, Weinheim Bergstraße, Lobsann und Basel) entfaltete, während die Tiefe zu einem lebearmen Schlammfänger wurde.

Fassen wir alle diese Einzelheiten der Tierverbreitung zusammen, so macht sich vom Oberkarbon an eine von Osten nach Westen laufende Strömung in der Tethys bemerkbar, welche immer wieder neue Typen in dieser Richtung wandern läßt. Dies hat HAUG auf seinen Kärtchen klar zum Ausdruck gebracht. Daneben haben wir sehr wahrscheinlich eine nordatlantische Kreisströmung, welche in Zentraleuropa endigte, aber dessen an Tiefe und Umfang wechselnde Meere mit vielen der Tethys fremden oder fremderen Formen bevölkerte. Der Einschlag aus dem südlichen Gürtelmeere erfolgte nur selten direkt durch süddeutsche Pforten, meistens von Westen her, indem die Ost-West-Drift sich am nordamerikanischen Festlande wenigstens teilweise in jenen nordatlantischen Kreisstrom umsetzte. Für einzelne Gruppen waren auch die süddeutschen Untiefen gangbar, besonders die Neuchâteler Pforte im Neocom, andere wanderten während der mittleren Kreide östlich von der Böhmer Masse in dem breiten flachen Meere zu.

In dem jetzt folgenden dritten Teil wende ich mich zu den Folgerungen, welche die Natur der Sedimente über einst vorhandene Meeresströmungen erlaubt. Dabei handelt es sich hauptsächlich um die Korngröße, ob Konglomerate, Sande oder Schlick (Ton und Mergel) untergeordnet um die Lagerung und das innere Gefüge. Wir beobachten heute, wie Küstenströme das Material der Brandungszone, nachdem es zu Sand verkleinert ist, verschleppen und zu sandigen Littoralbildungen, seien es Sandschaare unter, seien es Dünen über der See, anhäufen, also in seichtem Wasser entweder flächen- oder streifenförmige Sandsteine erzeugen. Der feine Schlick wandert weiter oder in die Tiefen der See ab, besonders, wenn Kreisströme seinen Abtransport in andere Gebiete verhindern. Mit diesen beiden Momenten läßt sich bei vorsichtiger Anwendung des Prinzips viel machen. Dazu haben wir die Korallenriff- und Oolithzonen, von deren Natur ich in einem besonderen Artikel vor kurzem geredet habe. Von solchen Küstenströmungen mit ihren Sanddriften haben wir schöne Beispiele im Rhaet. Am Dinkelberg bei Basel und im Basler Jura besteht die Schicht aus einem oft kaum fußdicken gelben Sandstein mit Treibhölzern und von Dünencharakter, ostwärts vom Randen etwa bei Ulm bricht die See in die Keupersenke hinein und schafft durch Zusammenschwemmung des am Küstenrande entlangwandernden Sandes die Nürtinger Sandsteine. Genau so entstanden die rhaetischen Schichten Schonens und des Thüringer Waldes, die Infralias-Bildungen des Plateau central und des Contentin oder der Hettinger Liassandstein. Hereingeschleppte Meeressande erfüllen die baltische Meeresstraße im Callovien, Cenoman und im Oligocän (Bernstein- und Stettiner, Sternberger Sande), erfüllen die Cenoman- und Oberkreidestraßen von den Karpathen bis zum Harze, die Meeresverbindung von Sachsen über Franken zur Donau und wohl bis zu den Alpen. Wir beobachten dasselbe in der mitteltertiären vindelizischen Straße in der Schweizer Molasse, ein Beispiel, an dem wir deutlich das Abwandern des zerriebenen Schuttes von den Rändern hinaus in die offenen, obwohl flachen Meeresteile nachzuweisen vermögen. Nach meiner Meinung ist der Buntsandstein von Norden aus dem kaledonischen Teile der Nordseegegend in einem flachen Binnenmeere nach Süden bis zu den Enden von Vogesen und Schwarzwald gewandert. Strömungen haben innerhalb des germanischen Keupergebietes die Lettenkohlensandsteine zusammengetragen; ferner besitzt der Schilfsandstein des schwäbischen Beckens eine Lagerung in Rinnen, die als „Flutrinnen“ bezeichnet werden; der Stubensandstein ergießt sich als eine Sanddrift von der böhmischen Masse gegen den Schwarzwald und den Kraichgau. Nehmen wir, wie oben auseinandergesetzt, für das germanische Triasbecken nordöstliche Winde an, so mußte gerade in dem fortgesetzt sinkenden Gebiete östlich und südlich des Rheinischen Schiefergebirges in dem seichten Wasser sich der Schutt des Beckens vereinigen, wodurch sich die Mächtigkeit des Buntsandsteins in Hessen und Westdeutschland erklärt. In dem badischen Buntsandstein habe ich wiederholt im allgemeinen Nord-Süd laufende Wellenfurchen im Anstehenden beobachtet, auch sonst derartig gerichtete Brandungswirkungen in der Trias; ferner sind die Keupersandsteine, soweit sie alte Dünen sind, vorzugsweise Nord-Süd ausgedehnt und die „Flutrinnen“ im Kraichgau, welche diese Wälle durchbrechen, Ost-West gerichtet. Man sollte auf solche Beziehungen etwas mehr achten, wozu dies eine Anregung und ein erster, recht unvollkommener Versuch sein mag.

Die bandförmigen Konglomerate in solchen littoralen Sandsteinen geben uns Aufschluß über die Wasserbewegungen von den Festländern weg zu größeren Tiefen. So schieben sich die groben Schuttmassen im helvetischen Gebiet von den miocänen Alpen gegen den Bodensee vor und aus dem Hegau umgekehrt gegen die südlicher gelegenen Meerestiefen (Juranagelfluh). Ich glaube, daß ich mich bei diesen Dingen nicht weiter aufzuhalten brauche, da ja jeder aus seinem Gebiete damit Bescheid weiß.

Ebenso charakteristisch ist für die warme Tethysströmung der Absatz der Kalksedimente seit der alpinen Trias bis zur Oberkreide, welche sich von Spanien gürtelförmig durch das Mittelmeergebiet bis Indien erstrecken und in Mexiko oder besser zwischen den nord- und südamerikanischen Massiven wiederkehren. Das ist von Bedeutung, da die in den südeuropäischen Schichten ständigen Korallenriffe auf warmes Wasser hinweisen, und deshalb in einem solchen auch andere stark kalkabsondernde Tiere und Pflanzen wucherten (Foraminiferen, Hippuriten, Stromatoporen, Ellipsactinien, Stromatoporellen, Sphaerocodien usw.). Immer wieder erscheinen sie in diesem Areal gesteinsbildend und geben Ableger in das mitteleuropäische Meer. Ich weise als Analogon darauf hin, wie üppig die kalkabscheidenden Florideen in den alttertiären Kalken der alpinen, italischen und osteuropäischen Landstriche vorkommen, und fast ganz in den übrigen eocänen Schichten Europas fehlen. Die gesamte Tethysströmung muß kalkhaltiger gewesen sein als die nördlichen Gewässer zwischen den Inseln und Halbinseln. Dies Problem habe ich in den „Vier Kapiteln zur petrographischen Geologie“ gestreift und bin der Ansicht, daß dieser Kalkgehalt eine Folge der Wasserwärme ist, welche Korallen, Kalkalgen, Bryozoen, Foraminiferen und andere kalkliebende Organismen besonders üppig gedeihen ließ. Ihr Einbruch in die beginnende germanische Liassenke veranlaßte vielleicht den Arietenkalk und die anderen einzelnen Kalkbänke. Als sich dann Zentraleuropa hob, entstand am Rande der Untiefe von England südostwärts in herzynischer Richtung der Bogen der oolithischen Doggersedimente und die Rifffacies, welche sich um die Vogesen-Schwarzwaldecke herum in varistischer Erstreckung während des Malms entwickelte, ebenfalls mit Kalkalgen aller Art und Ellipsactinien, die dem Südmeere entstammen und durch dessen Strömung zugeführt worden waren.

Gerade im Gegensatz zu diesen Kalken stehen die mächtigen Tone von der Jura bis zur Tertiärzeit in Mitteleuropa. Ton nämlich kann nicht aus dem Wasser wie Kalke chemisch ausgeschieden werden, sondern muß immer irgendwoher abgeschwemmt und dann vertragen sein, bis er am Grunde ruhigerer Meeresflächen zur Ablagerung kam. Die Abscheidung aus Kolloidlösungen ist oft behauptet, jedoch keineswegs sicher bewiesen, noch dazu in einem so gewaltigen Umfange. Wurde Ton zu besonderer Dicke aufgehäuft, setzt er unter allen Umständen konstante Wasserbewegung voraus und ein relativ einheitliches, mehr oder minder von der starken Strömung abgetrenntes Meer oder die Mündungen mächtiger, stark getrübter Ströme. So wird für den letzten Fall vom Ofanto in Unteritalien eine unendliche Menge zerriebenen Schuttes als Schlamm den Adriatiefen zugeführt, und auch die ligurischen Bäche werfen grauen Schlamm zeitweise massenhaft in den Golf von Genua. Diese Gruppe von Tonen wird man aber leicht durch ihre gröberen Einschaltungen (Flußgerölle usw.) auch in fossilem Zustande abscheiden können. Ebenso sind die Delta- und Flachwasserschlicke abzutrennen durch ihre nie fehlenden Sandeinlagerungen. Den holsteinischen Elbschlickmassen oder den holländischen am Unterrhein vergleichbar sind die obengenannten Wealdensedimente oder die oberkarbonischen Ruhrkohlen. Auf solche Sedimente kommt es mir hier weniger an, mehr auf die einheitlichen Tonschichten des hannöversch-westfälischen Lias und Doggers, auf die schwäbischen Unterjurasedimente, auf die russischen Malm- und Unterkreideschichten, auf die paläocänen Tone von London bis Hamburg, auf die Septarientone und die nordwestdeutschen Miocänschichten. In allen diesen Komplexen haben wir rein marine und dennoch sehr dicke, jedesmal mehrere Hunderte Meter messende Serien mit geringerem Kalkgehalt ohne gröberen Sand, ohne Braunkohlen, dafür mit einer echten marinen Schlammfauna. Der ganze Mineralbestand dieser Schichten kann nur von den Seiten her herbeigetragen und in stillerem Wasser abgelagert sein. Bemerkenswert ist das Wiederkehren dieses Sedimenttypus im Bereiche des varistischen Gebirges zwischen dessen bald mehr, bald minder abgesunkenen Rumpfstücken. Er erscheint zum ersten Male nach der Rhaettransgression und zwar in ganz Westdeutschland, dann immer wieder, aber nach der Malmhebung dauernd beschränkt auf den nördlichen Abschnitt zwischen den englischen und mitteldeutschen Kernen und der skandinavischen Masse. Ich erkläre mir dies so, daß von der Tethys ein Arm der Hauptströmung über die Nordatlantis nach Westeuropa rückläufig war und an diesen Hindernissen entlang als Kreisstrom lief, dabei seine Geschwindigkeit verlor und die mitgeschleppten Trüben zwischen den Inseln absetzte. Dabei kommt ausschlaggebend in Frage der Wind. Wir haben keinen

Beweis für eine mesozoische Landbrücke zwischen Afrika und Südamerika, dürfen auf alle Fälle, selbst wenn wir solche annehmen, freieres Wasser westlich von Afrika und Westeuropa annehmen, über welches die warme Luft nach Nordosten gegen den Nordpol abfloß. Daher werden solche Winde das Wasser gegen den nordatlantischen Kontinent getrieben und dadurch eine dem heutigen Golfstrom entsprechende Drift mit östlicher Richtung erzeugt haben, welche in die damaligen Mitteleuropa bedeckenden Gewässer eindringen mußte. Das gibt einigermaßen eine Erklärung für die Anhäufung der Juratone zwischen England und Schwaben und läßt sich sogar zur Begründung von gewissen Einzelheiten verwerten. Nämlich als im Dogger sich die Untiefe der oolithischen Sedimente auf dem Bogen von Südengland über die Ardennen und die oberrheinischen Massive nach dem Zentralplateau entwickelte, mußte solcher Strom sich teilen, und dadurch entstanden vor der Barre in Frankreich und hinter ihr in Hannover—Schwaben weiter tonige Sedimente, vor allem im Winkel zwischen Schwarzwald und Böhmen, wo sich der Schlick anhäufte. Wir haben in Hannover rein tonigen Dogger, in Schwaben solche Facies von Dogger bis zu den Ornatentonen. In Lothringen legt sich der mächtige Woëvreton auf die Oolithgesteine, im Berner Jura und Breisgau der Renggeriton und das stark tonige Terrain à chailles; in England treffen wir auf den Oxfordclay. Auch die gleichen Einschaltungen im Sequan des Berner Jura und Dept. Yonne, in den Gammamergeln Schwabens lassen vielleicht sich so erklären, daß durch das Wachsen der Malmriffe in Nordfrankreich und Südengland und durch die beginnende kimmerische Aufwölbung jener Meeresstrom verschiedentlich abgelenkt wurde und nun an der mit Riffen besetzten varistischen Doubs-Donauschwelle zeitweilig entlang ging. Die Senkung im Neocom schafft schließlich von Hannover bis Dänemark und in Südengland abermals mächtige dunkle Tonmassen. Drittens haben wir dies im Paläocän, ja sogar viertens im Septarienton des Oligocäns, wo entsprechend der Ausdehnung des Meeres über Norddeutschland nach Osten sich der Schlamm in dieser Richtung verteilt und vielleicht z. T. in den Rheintalgraben eindrang und diesen neben einheimischem Schutt mit auffüllen half. — Die Gesteinstrümmer selbst stammen natürlich aus dem nördlichen Festland, das groß genug war, um solche Mengen zu liefern, und durch seine Flüsse ins Meer warf. Einheimische Massen haben diese riesigen Mengen nicht herzugeben vermocht, weil sie kein Flußsystem entwickeln konnten und zeitweilig sogar unter dem Meere lagen. Die Driften verteilten die fremden Schwemmstoffe über weite Flächen und brachten sie dadurch in den Senken zum Absatz, was durch die Inselnatur Zentraleuropas erleichtert war, ferner durch die immer wiederkehrenden herzynischen Hebungen, die den Strom teilten, und drittens durch die Untiefen, welche in varistischem Sinne bald südlicher, bald nördlicher querliegend den Abfluß zur Tethys hemmten, also z. B. im Malm eine Art Sackgasse im Jurameere schufen. Solche wirklich sackartigen und daher stark zugeschwemmten Ausbuchtungen, welche an einem Ende geschlossen waren und gleichzeitig durch Flüsse aufgehöht wurden, waren das norddeutsche Wealdengebiet, die norddeutschen Paläocän- und Miocänbuchten, der oligocäne Rheintalgraben. Darin sind alle diese verschwundenen Meeresteile bis zu einem gewissen Grade den Marschgebieten Frieslands und Schleswig-Holsteins vergleichbar, wo die vom Atlantik her durch den Kanal und die Shetlandspforte eintretenden Flutwellen und Wasserbewegungen ebenfalls ein Ende finden und den ihnen zum Opfer gefallenen litoralen und fluvialen Detritus absetzen. Ja, man kann sogar das belgisch-englische und niederdeutsche Oberkarbongebiet hier einfügen, dessen mariner Einschlag auf ein westlich gelegenes Meer hinweist und dessen enorme Tonmassen vielleicht gleichen Ursprung und gleiche Entstehungsart haben, wie die eben genannten jüngeren Schichten.

In langsamer Hebung oder Senkung befindliche Küstenstriche, Flachwasserstreifen, Untiefen und Riffe werden nach der jeweiligen höheren oder tieferen Lage unter der Meeresoberfläche von solcher schlammverschleppenden Strömung frei bleiben oder überdeckt werden. Bei etwas rascherer Senkung treffen wir tonige Einschaltungen oder dickere Überlagerung an. Beispiele sind im süddeutschen Hauptoolith die Acuminata-Mergel, über demselben die Varians-Mergel, im Malm die Humeralis-Mergel, die Pteroceras-Mergel. Hebt sich solches Gebiet, entsteht aus den Kalkriffen ein Brandungsgrus mit Kreuzschichtung (alle Arten von Juraoolithen) und feinster Kalkschlamm, der von der Brandung und Küstendrift schließlich durch Löcher in stille Buchten hinter die Untiefen und Barrieren geworfen wird (Nusplinger und Solnhofer Kalke). Im Tertiär und schon in der Kreide schalten sich als Reste von litoralen Sandschaaren die glaukonitischen und sandigen Lagen und Linsen oft zwischen diese Tone. Dahin rechne ich ferner die Eisenoolithe der deutschen Juraformation, welche sich in der Uferzone, aber in etwas tieferem Wasser entwickelten. Die Minetten Luxemburgs und Lothringens setzen sich als „Schwänze“ an das Ardennenmassiv, die Eisensandsteine von Aalen an die Untiefen der Böhmer Masse, die Murchisonae-Eisenoolithkalke an die von Schwarzwald und Vogesen an. In der ganzen Verbreitung dieser Sedimente des Unterdoggers prägt sich bereits die spätere, oberjurassische und untercreatacische Küstenlinie aus. Die Eröffnung der baltischen Straße im Callovien bewirkt eine langsame Verbreitung der Oolithfacies sowie der Pterocerasfauna bis Hinterpommern.

Ich halte auch die Wasser des nordatlantischen Küstenstromes für warm, weil sie nicht durch kalte Polarströme abgekühlt waren, so daß durch ihr Eindringen in die mitteleuropäische Inselwelt diese ein recht mildes Klima erhielt. Darauf weisen die vielen Saurier hin, welche als Wechselblüter üppig nur in warmem Wasser gedeihen. Crocodilier kennen wir heute aus unserem gemäßigten Klima nicht; mit dem Aufhören der Tethysheizung verschwinden diese Tiere völlig aus Europa; umgekehrt stellen sich im Danien mit dem stärkeren Einschlag von südeuropäischen Formen (*Hemipneustes*, *Orbitoides* usw.) die Pythonomorphen ein, was wieder zu den Korallenriffen von Faxe paßt.

In den Sedimenten solcher Flachwassergebiete erscheint als eine weitere Folge von Meeresströmungen die Anhäufung zahlloser Muschelschalen, nämlich recent die Cardien- und Myenhaufen der Nordsee, fossil die dichtgepackten Schalen von Ammoniten. Dies erinnert an manche Goniatitenkalke des ebenfalls seichten belgisch-rheinischen Kulmmeeres. So haben wir wiederholt in den Eisenoolithen und eisenschüssigen Kalken in dünnen Schichten Tausende von *Murchisonae*-, *Macrocephalus* und *Reineckia*-Ammoniten, die sicher zusammengetragen und mit Treibholz gemengt sind. Diese Uferströmungen erkennen wir wieder in den Schaumkalken des unteren Muschelkalkes zwischen Main und Neckar, wo sich Mergelbreccien einstellen, durchsetzt von verstreuten *Encrinus*-gliedern und abgerissenen *Pentacrinus*-Resten, dann in den Posidonienschiefern des schwäbischen Lias, wo solche Pentacriniten mit Treibholz, mit Pflanzenfragmenten, zahllosen Ammoniten und Saurierkadavern zusammengetrieben worden sind. Das gleiche tritt uns in der miocänen helvetisch-vindelizischen Rinne mit der Turritellenplatte und den Muschelsandsteinen entgegen oder in den dort lokal in unglaublicher Masse gepackten *Nerita Laffoni*-Individuen. Analog sind die *Melania strombiformis*-Bänke des Wealden und die als Serpulit bekannten Zerreibsel im Purbeck Hannovers. Es ist bisher nie versucht, diese Erscheinung für die Feststellung von Küstenströmungen nutzbar zu machen. In der Bodenseemolasse haben wir bei Überlingen die Muschelsandsteine mit den versinterten Cardienhaufen, und zwar in einer nach Südosten an Mächtigkeit wachsenden Serie nahe beieinander in verschiedener Höhe, was beweist, daß in der gewiß nicht kurzen Bildungszeit dieser Schichten immer wieder in dieser Gegend ein Zusammenschwemmen toter Schalen eintrat. Auch die in Schwaben vorkommenden „Belemnitenschlachtfelder" gehören dahin, da schwerlich solche Masse von

Spiegel, daß wahrscheinlich im Sund ein dem im Bosporus ausgehenden Strome entsprechender Ablauf geschah.

Wir müssen Ähnliches für die verschiedenen bedeutenden Seen des süddeutschen Obermiocäns annehmen, welche schwerlich alle gleichhoch standen, weil sie sehr verschiedene Zuflüsse empfingen. Deshalb wird ein Ausstrom am Südende der böhmischen Masse gelegen haben, ein anderer am Eisernen Tore, aus denen sich schließlich der Donaufluß entwickelte.

Diese Ausführungen insgesamt geben nun ihrerseits eine Art Beweis für die konstante Lage der Pole seit der Trias, wenn nicht noch länger. Es herrschten vermutlich seit geologischen Perioden ähnliche Verhältnisse auf der Erde wie heute, nur unterbrochen durch die diluviale Eiszeit. Dann haben wir auch den gegenwärtigen ähnliche Strömungen und Winde anzunehmen, und auf dieser Basis fußen die obigen Ausführungen. An eine Änderung in der Lage des Pols, an bedeutende Schwankungen z. B. an die Pendulation glaube ich nicht, übersehe dabei aber die Schwierigkeiten nicht, welche die Verteilung mancher Tierformen z. B. der Aucellen, der Daonellen, der paläozoischen Korallen uns dadurch macht, daß diese Tiere von den heutigen Tropen bis in die Polargegenden reichten. Deshalb habe ich mich auf Europa und im besonderen auf Mittel- und Südeuropa beschränkt, außerdem mich wegen der erschwerten Beurteilung paläozoischer Tiere im wesentlichen an die mesozoischen und känozoischen Zeiträume gehalten. Von den Ammoniten und Belemniten, den wichtigsten Leitfossilien, konnte ich wenig sprechen. Es ist bei den Belemniten das Rostrum etwas sehr Indifferentes, und bei den anderen Cephalopoden bleibt auffällig, wie wenig Formen eigentlich der Tethys und dem zentraleuropäischen Formenkreise wirklich gemeinsam sind, so daß man sagen darf, diese ist sicher aus dem einen Gebiete in das andere eingewandert. Die Ammoniten erachte ich für sehr viel ausgesprochenere Lokaltiere, als man bisher meinte. Auch in der Tethys sind die verschiedenen Gebiete darin recht verschieden; denn was haben wir in Südeuropa von den Himalayatypen? Ebenso sind nur sehr wenige von den triadischen Ammoniten Südasiens bei uns vertreten, und bei Übereinstimmung oft nur einzelner Exemplare ist man bei der riesigen Variabilität der Ammonitengehäuse in Zweifel, wie hoch man sie bewerten soll. Andererseits kommen wieder durchaus europäisch anmutende Ammoniten in den Molukken vor und zwar lokal in erheblicher Zahl. Von vielen anderen Formen ist das Ursprungsgebiet bisher ganz unbekannt. Um einige Beispiele anzuführen: Woher kommen *Diceras* und die großen Cardien des mitteleuropäischen Malms? Woher die Gryphäen des unteren Lias und des Oxfordien? Für die Herkunft dieser und anderer mesozoischer

Tiergruppen, welche nicht der Tethys entstammen, werden wir unsere Aufmerksamkeit besonders auf die entsprechenden Randmeere der amerikanischen Landmassen lenken müssen. Die immer wieder hervortretende Ähnlichkeit südamerikanischer Jurafaunen mit unseren ist vielleicht aus einem gemeinsamen Ursprunge zu erklären, den aufzufinden hoffentlich einst glückt.

Für Mitteleuropa erhellt aus den Schichten des Mesozoikums eine viel größere Gleichartigkeit von Meeresströmungen und Sedimentation, als man für gewöhnlich bei Betrachtung der lokalen Einzelheiten zu glauben geneigt ist. Seit der Trias besteht die Tethys, seit dem Zechstein belebt sich immer wieder die weite Mulde südlich von Skandinavien. Seit der Trias häufen sich in der ersteren unter Einfluß der warmen asiatischen Strömungen die Kalkmassen an, seit dem Keuper gelangen in der zweiten bis ins mittlere Tertiär hinein an den Rändern Sande, in der Mitte Tone zur Ablagerung. In der Tethys läuft eine Meeresströmung von Südosten nach Westen und Nordwesten, in der nördlicheren Geosynklinale eine solche von Westen nach Südosten, respektive durch die zeitweilig geöffnete Straße nach Osten, und dann nach Nordosten. Dies System bleibt lange konstant und kehrt immer wieder und bewirkt daher die oft in ganz gleicher Weise vor sich gehende Einwanderung neuer Tierformen. Eine solche Konstanz spricht im allgemeinen gegen das „Abschwimmen der Kontinente“, macht vielmehr eine lange Dauer annähernd gleichartiger physikalischer Verhältnisse wahrscheinlich.